Verkehr werden die Ampeln an großen Kreuzungen für die Feuerwehr auf Grün gestellt. Die Feuerwehrmänner werden durch einen Alarmton gerufen. Über Lautsprecher erfahren sie, dass es sich um einen Brand handelt und wohin sie ausrücken müssen. Diese Männer gehören zur Berufsfeuerwehr. Sie sind Tag und Nacht einsatzbereit.

Sobald der Alarm schrillt, springen sie von ihren Ruhebetten auf und schlüpfen in die bereit liegende Hose und die Stiefel. Im Vorbeilaufen schnappen sie sich die Schutzjacke, den Helm und den Hakengurt und rennen zu den Rutschstangen. So gelangen sie blitzschnell in die Fahrzeughalle. Sekunden später sitzen sie in den Einsatzfahrzeugen.

Tatü-tatata! Der Löschzug braust aus der Feuerwache hinaus auf die Straße. Voran der Jeep mit dem Einsatzleiter. Es folgen ein Löschgruppenfahrzeug, ein Drehleiterfahrzeug und ein Tanklöschfahrzeug. Weitere Feuerwehrfahrzeuge kommen nach, da es sich um einen Großbrand handelt. Blaulicht und Martinshorn sind eingeschaltet. Das bedeutet: Die Feuerwehr ist im Einsatz und alle Verkehrsteilnehmer müssen Platz machen und anhalten. Auch wenn die Ampel für sie auf Grün steht. Welche Autos sind zur Seite gefahren und halten? Erzähle auch, was die Leute auf der Straße machen!

Inzwischen sind von der Feuerwehrzentrale aus Polizei und Rettungsdienst verständigt worden.

Die Feuerwehrmänner können
den Brand noch nicht sehen,
aber du siehst, wo es brennt,
oder?

Minuten später trifft die Feuerwehr am Brandort ein. Die Polizei ist auch schon da. Sie hat eine Absperrung errichtet und drängt die Neugierigen zurück, damit sie die Feuerwehr nicht bei der Arbeit behindern und sich nicht selbst in Gefahr bringen.
Als Erstes werden die Menschen gerettet. Manchen ist der Weg über die Treppe schon abgeschnitten. Zeige diejenigen, die mit einem aufblasbaren Sprungkissen oder über Leitern befreit werden!

Einige Feuerwehrleute dringen mit Atemschutzgeräten in das Haus ein. Sie atmen Luft aus Pressluftflaschen. Das schützt sie gleichzeitig vor Rauchvergiftung. Zwei von ihnen haben mit Hilfe eines Hebekissens eine Person befreit, die unter einem Balken eingeklemmt war. Sie wird ebenfalls mit Sauerstoff versorgt. Erzähle, wie so ein Hebekissen funktioniert!

Vom Tanklöschfahrzeug aus wird das Feuer sofort mit einem Wasserwerfer bekämpft. In seinem Tank ist nämlich Wasser. Das Löschgruppenfahrzeug wurde durch einen Schlauch an einen Hydranten angeschlossen. Von dem Fahrzeug wurden Schläuche bis ins brennende Dachgeschoss und zu einer Drehleiter gelegt. Auf den Befehl des Einsatzleiters „Wasser marsch!“, wurde die Pumpe des Fahrzeugs eingeschaltet. In welchen Wohnungen brennt es noch nicht? Was machen die Bewohner?

Ein Unwetter hat getobt. Plötzlich schwillt der Fluss rasch an und tritt über die Ufer. In kurzer Zeit ist ein Bauernhof unter Wasser, das Wohnhaus noch nicht, aber die Ställe. Die Telefonleitung ist unterbrochen. Doch Nachbarn rufen die Feuerwehr herbei. Zeige die Menschen und nenne die Tiere, die in Gefahr sind! Wohin haben sie sich gerettet?

Als Erstes werden Menschen und Tiere in Sicherheit gebracht. Mit Schlauchbooten fahren die Feuerwehrleute zu ihnen hin. Der Einsatzleiter gibt ihnen mit einem Sprachrohr Anweisungen. Er überwacht auch das Leerpumpen des Kellers. Kannst du dir denken, was der Taucher mit dem Haken vorhat? Und wie wollen die beiden Männer die Schweine vom Misthaufen retten?

Die Feuerwehr ist in den Zoo gerufen worden. Ein Elefant ist im Trenngraben und kommt allein nicht mehr heraus. Die Feuerwehr rückt mit einem Drehkran und einem Rüstfahrzeug an. Darin befinden sich Werkzeuge und andere Geräte, die möglicherweise gebraucht werden. Welche erkennst du?
Mit Hilfe des Wärters werden dem verängstigten Tier starke Gurte umgelegt. Dann hebt der Drehkran es heraus.

Auf dem Brunnen mitten im Teich maunzt ein Kätzchen. Spaziergänger haben Mitleid mit ihm und rufen vom Park-Café aus die Feuerwehr. Mit einem Drehleiterfahrzeug rückt sie an.

Erzähle, vor welchen Tieren sich die Katze jetzt fürchtet!

Siehst du die Familie mit dem Hund? Das Kind und die Mutter schimpfen mit ihm. Denk dir aus, warum die Katze auf den Baum hinauf ist! Ob der Hund wohl die Katze gejagt hat? Und wie ging es dann weiter?

Ein Unfall ist passiert: Ein Kleinlaster ist gegen einen Brückenpfeiler geprallt. Der Fahrer ist eingeklemmt und Öl läuft aus dem beschädigten Auto aus. Zwei Fässer der Ladung sind auf die Straße gefallen und ausgelaufen. Andere sind beschädigt.
Die Feuerwehr wurde informiert, dass es sich um Fässer mit Säure handelt.

Sie rückt mit einem Gerätewagen für Gefahrgut und einem Löschgruppenfahrzeug an. Zwei Feuerwehrleute befreien den Fahrer. Ein anderer pumpt das restliche Öl aus dem Öltank. Damit das ausgelaufene Öl nicht ins Grundwasser eindringt, wird ein Bindemittel darauf geschüttet. Anschließend tragen die Feuerwehrleute den Ölbrei ab.

Die Feuerwehrmänner, die sich um die Säure kümmern, tragen Schutzanzüge. Sie fangen die Flüssigkeit der lecken Fässer in einer Wanne auf. Weitere beschädigte Fässer werden leer gepumpt. Ein Feuerwehrmann bleibt löschbereit beim Löschgruppenfahrzeug. Über Funk hat der Einsatzleiter einen Kleinlaster mit Kran angefordert. Damit sollen die heilen Fässer abtransportiert werden.

Es ist Nacht. Ein schwerer Sturm hat einen Baum entwurzelt. Ein Haus und ein Auto sind beschädigt. Die Mieterin aus dem Dachgeschoss ist verletzt.
Feuerwehr, Sanitäter und Polizei sind eingetroffen. Die Polizei hat das Gebiet abgeriegelt. Die Verletzte wird ins Krankenhaus gebracht.